Grouping & Sharing (Multiplication & Division): 2nd Grade Math Series

SPEEDY PUBLISHING

Speedy Publishing LLC
40 E. Main St. #1156
Newark, DE 19711
www.speedypublishing.com

Copyright 2015

All Rights reserved. No part of this book may be reproduced or used in any way or form or by any means whether electronic or mechanical, this means that you cannot record or photocopy any material ideas or tips that are provided in this book

Multiplication tables of 2 and 3

1. 3 × 9 = _____

2. 2 × 10 = _____

3. 3 × 7 = _____

4. 3 × 10 = _____

5. 2 × 9 = _____

6. 3 × 4 = _____

7. 3 × 12 = _____

8. 2 × 5 = _____

9. 2 × 4 = _____

10. 3 × 5 = _____

11. 2 × 3 = _____

12. 3 × 3 = _____

13. 2 × 1 = _____

14. 2 × 6 = _____

15. 2 × 2 = _____

16. 3 × 2 = _____

17. 2 × 8 = _____

18. 2 × 12 = _____

19. 3 × 6 = _____

20. 2 × 7 = _____

21. 2 × 11 = _____

22. 2 × 4 = _____

23. 2 × 10 = _____

24. 2 × 1 = _____

25. 2 × 8 = _____

26. 2 × 7 = _____

27. 2 × 12 = _____

28. 3 × 10 = _____

29. 2 × 5 = _____

30. 3 × 7 = _____

31. 2 × 9 = _____

32. 3 × 3 = _____

33. 3 × 6 = _____

34. 3 × 8 = _____

35. 3 × 2 = _____

36. 3 × 11 = _____

37. 2 × 6 = _____

38. 3 × 4 = _____

39. 3 × 9 = _____

40. 2 × 2 = _____

Multiplication tables of 5 and 10

1. 5 × 3 = _____

2. 5 × 1 = _____

3. 5 × 12 = _____

4. 5 × 10 = _____

5. 10 × 5 = _____

6. 10 × 8 = _____

7. 10 × 7 = _____

8. 10 × 1 = _____

9. 5 × 4 = _____

10. 5 × 6 = _____

11. 10 × 12 = _____

12. 10 × 11 = _____

13. 5 × 8 = _____

14. 10 × 2 = _____

15. 5 × 9 = _____

16. 10 × 9 = _____

17. 10 × 3 = _____

18. 5 × 7 = _____

19. 5 × 5 = _____

20. 10 × 10 = _____

21. 5 × 1 = _____

22. 10 × 2 = _____

23. 5 × 2 = _____

24. 5 × 7 = _____

25. 10 × 11 = _____

26. 10 × 10 = _____

27. 10 × 3 = _____

28. 10 × 1 = _____

29. 5 × 9 = _____

30. 5 × 11 = _____

31. 10 × 5 = _____

32. 5 × 8 = _____

33. 5 × 4 = _____

34. 10 × 9 = _____

35. 5 × 5 = _____

36. 5 × 3 = _____

37. 10 × 6 = _____

38. 10 × 4 = _____

39. 5 × 12 = _____

40. 5 × 10 = _____

Multiplication tables of 2, 5 and 10

1. 7 × 2 = _____

2. 7 × 10 = _____

3. 2 × 4 = _____

4. 2 × 9 = _____

5. 10 × 8 = _____

6. 2 × 1 = _____

7. 1 × 10 = _____

8. 5 × 1 = _____

9. 2 × 7 = _____

10. 5 × 5 = _____

11. 9 × 10 = _____

12. 3 × 2 = _____

13. 10 × 7 = _____

14. 2 × 8 = _____

15. 10 × 9 = _____

16. 2 × 6 = _____

17. 8 × 10 = _____

18. 2 × 5 = _____

19. 8 × 5 = _____

20. 5 × 6 = _____

21. 6 × 5 = _____

22. 5 × 10 = _____

23. 10 × 8 = _____

24. 10 × 1 = _____

25. 3 × 10 = _____

26. 4 × 10 = _____

27. 9 × 5 = _____

28. 8 × 5 = _____

29. 10 × 3 = _____

30. 5 × 1 = _____

31. 5 × 4 = _____

32. 9 × 10 = _____

33. 2 × 2 = _____

34. 10 × 7 = _____

35. 1 × 2 = _____

36. 2 × 8 = _____

37. 10 × 2 = _____

38. 2 × 1 = _____

39. 5 × 7 = _____

40. 2 × 5 = _____

Tables 2, 5, 10 missing factor

1. _____ × 5 = 50

2. _____ × 2 = 10

3. _____ × 4 = 20

4. 4 × _____ = 8

5. _____ × 9 = 18

6. _____ × 5 = 10

7. _____ × 8 = 16

8. 3 × _____ = 30

9. 4 × _____ = 20

10. 7 × _____ = 14

11. 10 × _____ = 60

12. _____ × 10 = 60

13. 5 × _____ = 15

14. 5 × _____ = 30

15. 1 × _____ = 10

16. _____ × 10 = 30

17. 9 × _____ = 18

18. _____ × 5 = 20

19. 10 × _____ = 50

20. 5 × _____ = 25

21. 2 × _____ = 18

22. _____ × 7 = 14

23. _____ × 2 = 12

24. _____ × 2 = 10

25. _____ × 2 = 8

26. _____ × 10 = 30

27. _____ × 5 = 45

28. _____ × 4 = 20

29. _____ × 3 = 15

30. 2 × _____ = 12

31. _____ × 3 = 6

32. 10 × _____ = 20

33. _____ × 5 = 10

34. 5 × _____ = 15

35. 5 × _____ = 25

36. 7 × _____ = 35

37. 4 × _____ = 8

38. _____ × 2 = 16

39. 10 × _____ = 50

40. 5 × _____ = 40

Division Practice (tables 1–10)

1. 100 ÷ 10 = _____

2. 10 ÷ 5 = _____

3. 12 ÷ 4 = _____

4. 20 ÷ 2 = _____

5. 54 ÷ 9 = _____

6. 12 ÷ 6 = _____

7. 49 ÷ 7 = _____

8. 90 ÷ 10 = _____

9. 35 ÷ 5 = _____

10. 24 ÷ 3 = _____

11. 4 ÷ 1 = _____

12. 18 ÷ 6 = _____

13. 8 ÷ 4 = _____

14. 30 ÷ 3 = _____

15. 18 ÷ 3 = _____

16. 42 ÷ 6 = _____

17. 30 ÷ 10 = _____

18. 9 ÷ 9 = _____

19. 3 ÷ 3 = _____

20. 16 ÷ 2 = _____

21. 16 ÷ 4 = _____

22. 6 ÷ 1 = _____

23. 6 ÷ 3 = _____

24. 7 ÷ 1 = _____

25. 18 ÷ 9 = _____

26. 48 ÷ 8 = _____

27. 6 ÷ 6 = _____

28. 14 ÷ 2 = _____

29. 27 ÷ 3 = _____

30. 20 ÷ 5 = _____

31. 100 ÷ 10 = _____

32. 80 ÷ 8 = _____

33. 40 ÷ 10 = _____

34. 60 ÷ 10 = _____

35. 14 ÷ 2 = _____

36. 24 ÷ 6 = _____

37. 10 ÷ 5 = _____

38. 6 ÷ 3 = _____

39. 18 ÷ 2 = _____

40. 40 ÷ 8 = _____

Missing Dividend or Divisor (Basic Facts)

1. _____ ÷ 7 = 5

2. _____ ÷ 10 = 10

3. 10 ÷ _____ = 5

4. _____ ÷ 9 = 3

5. _____ ÷ 5 = 1

6. 24 ÷ _____ = 8

7. 18 ÷ _____ = 2

8. _____ ÷ 5 = 5

9. _____ ÷ 2 = 1

10. _____ ÷ 3 = 4

11. _____ ÷ 5 = 2

12. 18 ÷ _____ = 6

13. _____ ÷ 6 = 1

14. 20 ÷ _____ = 10

15. _____ ÷ 5 = 6

16. _____ ÷ 4 = 4

17. _____ ÷ 8 = 10

18. 60 ÷ _____ = 6

19. 70 ÷ _____ = 10

20. _____ ÷ 5 = 10

21. 14 ÷ _____ = 2

22. 27 ÷ _____ = 3

23. 8 ÷ _____ = 4

24. _____ ÷ 5 = 7

25. 45 ÷ _____ = 5

26. 56 ÷ _____ = 8

27. _____ ÷ 8 = 1

28. 14 ÷ _____ = 7

29. _____ ÷ 7 = 9

30. 20 ÷ _____ = 4

31. 4 ÷ _____ = 2

32. 81 ÷ _____ = 9

33. _____ ÷ 6 = 8

34. 16 ÷ _____ = 2

35. _____ ÷ 3 = 8

36. 30 ÷ _____ = 10

37. _____ ÷ 7 = 2

38. _____ ÷ 9 = 5

39. 15 ÷ _____ = 3

40. 24 ÷ _____ = 4

Divide By Whole Tens or Hundreds

1. 1200 ÷ 400 = _____   **4.** 720 ÷ 80 = _____

2. 810 ÷ 90 = _____   **5.** 320 ÷ 80 = _____

3. 6400 ÷ 800 = _____   **6.** 180 ÷ 60 = _____

7. 1050 ÷ 70 = _____   **13.** 2100 ÷ 300 = _____

8. 1800 ÷ 100 = _____   **14.** 1710 ÷ 90 = _____

9. 8100 ÷ 900 = _____   **15.** 1600 ÷ 800 = _____

10. 1800 ÷ 300 = _____   **16.** 640 ÷ 40 = _____

11. 3600 ÷ 900 = _____   **17.** 6000 ÷ 600 = _____

12. 1900 ÷ 100 = _____   **18.** 300 ÷ 50 = _____

19. 1350 ÷ 90 = _____ **25.** 3900 ÷ 300 = _____

20. 120 ÷ 10 = _____ **26.** 1000 ÷ 100 = _____

21. 1440 ÷ 80 = _____ **27.** 2400 ÷ 800 = _____

22. 140 ÷ 20 = _____ **28.** 380 ÷ 20 = _____

23. 570 ÷ 30 = _____ **29.** 4900 ÷ 700 = _____

24. 420 ÷ 30 = _____ **30.** 1400 ÷ 200 = _____

Answers

Column 1
1. 27
2. 20
3. 21
4. 30
5. 18
6. 12
7. 36
8. 10
9. 8
10. 15
11. 6
12. 9
13. 2
14. 12
15. 4
16. 6
17. 16
18. 24
19. 18
20. 14
21. 22
22. 8
23. 20
24. 2
25. 16
26. 14
27. 24
28. 30
29. 10
30. 21
31. 18
32. 9
33. 18
34. 24
35. 6
36. 33
37. 12
38. 12
39. 27
40. 4

Column 2
1. 15
2. 5
3. 60
4. 50
5. 50
6. 80
7. 70
8. 10
9. 20
10. 30
11. 120
12. 110
13. 40
14. 20
15. 45
16. 90
17. 30
18. 35
19. 25
20. 100
21. 5
22. 20
23. 10
24. 35
25. 110
26. 100
27. 30
28. 10
29. 45
30. 55
31. 50
32. 40
33. 20
34. 90
35. 25
36. 15
37. 60
38. 40
39. 60
40. 50

Column 3
1. 14
2. 70
3. 8
4. 18
5. 80
6. 2
7. 10
8. 5
9. 14
10. 25
11. 90
12. 6
13. 70
14. 16
15. 90
16. 12
17. 80
18. 10
19. 40
20. 30
21. 30
22. 50
23. 80
24. 10
25. 30
26. 40
27. 45
28. 40
29. 30
30. 5
31. 20
32. 90
33. 4
34. 70
35. 2
36. 16
37. 20
38. 2
39. 35
40. 10

Column 4
1. 10
2. 5
3. 5
4. 2
5. 2
6. 2
7. 2
8. 10
9. 5
10. 2
11. 6
12. 6
13. 3
14. 6
15. 10
16. 3
17. 2
18. 4

Answers

19.	5	13.	2	7.	9	1.	3
20.	5	14.	10	8.	25	2.	9
21.	9	15.	6	9.	2	3.	8
22.	2	16.	7	10.	12	4.	9
23.	6	17.	3	11.	10	5.	4
24.	5	18.	1	12.	3	6.	3
25.	4	19.	1	13.	6	7.	15
26.	3	20.	8	14.	2	8.	18
27.	9	21.	4	15.	30	9.	9
28.	5	22.	6	16.	16	10.	6
29.	5	23.	2	17.	80	11.	4
30.	6	24.	7	18.	10	12.	19
31.	2	25.	2	19.	7	13.	7
32.	2	26.	6	20.	50	14.	19
33.	2	27.	1	21.	7	15.	2
34.	3	28.	7	22.	9	16.	16
35.	5	29.	9	23.	2	17.	10
36.	5	30.	4	24.	35	18.	6
37.	2	31.	10	25.	9	19.	15
38.	8	32.	10	26.	7	20.	12
39.	5	33.	4	27.	8	21.	18
40.	8	34.	6	28.	2	22.	7
------		35.	7	29.	63	23.	19
1.	10	36.	4	30.	5	24.	14
2.	2	37.	2	31.	2	25.	13
3.	3	38.	2	32.	9	26.	10
4.	10	39.	9	33.	48	27.	3
5.	6	40.	5	34.	8	28.	19
6.	2	------		35.	24	29.	7
7.	7	1.	35	36.	3	30.	7
8.	9	2.	100	37.	14		
9.	7	3.	2	38.	45		
10.	8	4.	27	39.	5		
11.	4	5.	5	40.	6		
12.	3	6.	3	------			

Made in United States
Troutdale, OR
07/18/2024

21373268R00021